漂洋過海 中國夢 | 鄭和下西洋

檀傳寶◎主編　葉王蓓◎編著

中華教育

六百年前，鄭和率領龐大的船隊浩浩蕩蕩
出航。你知道這支無敵艦隊的故事嗎？他們去
過哪些地方，遇到過哪些有趣的人，把甚麼有
價值的東西帶回了中國？

審圖號：GS（2016）1611 號
國家測繪地理信息局監制

目 錄

為何要下西洋

他，到底逃到哪裏去了？

失蹤的前皇帝

關於鄭和下西洋的故事，大概要從大明王朝的都城南京說起。那是 1402 年，南京城裏一片混亂。建文帝在北京的叔父燕王朱棣造反，帶着兵馬一路南下，殺進了皇城。

眼看就要攻進皇宮了。突然，宮裏火光沖天。宮裏的人不顧外面的軍隊都蜂擁往外逃：宮女們，廚房的師傅們……連沒有關好的雞籠子裏，也竄出了幾隻公雞。

燕王沒有料到，建文帝會來這一手，放火焚燒他爺爺——當然也就是燕王爸爸蓋的宮殿！在這樣混亂的南京城裏，在更混亂的皇宮裏，要找到皇帝，特別是要防止他趁亂逃跑實在很困難。雖然燕王帶來的軍隊戰鬥力優良，不一會兒，就佔領了皇宮，但是找遍了所有的地方，就是找不到建文帝。

接下來的好幾天裏，燕王下令，搜！他自己的視線呢，一直不能離開皇宮裏空蕩蕩的寶座。雖然燕王一路打着幫建文帝清理朝中小人的旗號造的反，他的屬下如何不知燕王是衝着這個寶座來的。於是，不到幾天，幾個人抬着一具滿是灰燼、四肢不全的燒焦屍體上來了，「報，找到啦！」燕王也顧不得辨認，立即抱住一場痛哭，

「你何苦這樣呢，我只是來幫你清理不合格的大臣的啊！」

燕王手下的人趕緊來安慰燕王，「勸說」道：「國不可一日無君啊。」燕王就「只好」登上了皇位，他就是明朝的第三位皇帝明成祖啦。

可是，明成祖登上寶座後，總擔心一件事。建文帝會不會哪一天突然回來？畢竟，那天找到的，是不是建文帝，明成祖心裏很清楚。

那怎麼辦呢？

關於建文帝出逃的神奇傳說

清代名人呂安世等認為燕軍破城後，建文帝無可奈何，遂想一死了之。此時少監王鉞告訴他：「你祖父臨死時，給你留下一個鐵箱子，讓我在你大難臨頭時交給你。我一直把它祕密收藏在奉先殿內。」羣臣急忙把箱子抬來，打開一看，裏邊有三張度牒，就是做僧人的身份證，上面寫好了建文帝等三個人的名字。還放着三件僧衣、一把剃頭刀、白金十錠、遺書一封，書中寫明：建文帝從鬼門出，其他人從水關御溝走，傍晚在神樂觀西房會合。據此，建文帝三人剃了頭，換上了僧衣，只帶了九個人來到鬼門。鬼門在太平門內，是內城一扇小矮門。僅容一人出入，外通水道，建文帝彎着身子出了鬼門，其他八人隨之出了鬼門後，就看見水道上停放着一隻小船，船上站着一位僧人。僧人招呼他們上船，並向建文帝叩首稱萬歲。建文帝問他怎麼知道我有難，僧人答道：「我叫王升，是神樂觀住持，昨夜夢見你祖父朱元璋，他本是出家之人，叫我在此等候，接你入觀為僧。」至此，建文帝削髮為僧。

傳奇的三寶太監

「要派人四下去找找建文帝！」明成祖決定了。可是，在陸地上尋找還好辦，茫茫大海上派誰去尋找呢？這時候，他想起一個人。只有他，才可以擔此重任！這個人就是鄭和，小名三保。

讓我們把目光移到陽光明媚的雲南滇池，岸邊人家，一個小名叫作三保的小男孩正在書桌邊聽爸爸講故事。「300 年前，我們的祖先在西域普化力國。後來元代的時候，忽必烈讓我們的祖先做駐守雲南的大元帥，我們就來到了雲南。」三保：「爸爸，這些故事我已經聽太多次了，不如說說你和爺爺去航海的故事吧。」爸爸回想着航海前去麥加的經歷，乘風破浪，臉上慢慢浮起微笑，「不急，等你長大了，你自己親眼去看。」

三保從小對海外的國度充滿嚮往。可是幾年後，三保剛剛過了 11 歲生日，元軍戰敗，三保成了明軍的戰俘。三保在軍隊裏的生活是否艱苦，我們不得而知，我們唯一知道的是他曾遭受閹割的處罰……

三保 14 歲的時候從軍隊到了燕王（也就是後來明成祖）的家。三保這個孩子好學、堅強，跟着燕王南征北戰，直到燕王坐上皇帝的寶座。明成祖為了獎賞他，親手寫了一個「鄭」字，賜姓給三保，三保的大名也就變成了鄭和。而尊敬三保的人們就叫他三寶太監。

鄭和有軍人的堅強、勇敢，還講一口不錯的阿拉伯語，最重要的是，他還有一顆想去麥加的心，因此了解了不少航海、外洋知識！所以，明成祖決定，派鄭和下西洋！

關於鄭和下西洋的原因猜測

許多人認為由於明成祖懷疑建文帝可能逃到了海外，所以才派鄭和下西洋去尋找。

當然還有許多不同的猜測，張廷玉的《明史・鄭和傳》、日本上杉千年的《鄭和下西洋》、法國伯希和的《鄭和下西洋考》、多米尼克・勒列夫爾的《啟蒙之龍》都有不同的見解。是的，可能有太多的原因讓鄭和走向大海，但是那些年偉大的航行，也的確給我們帶回了更多精彩的故事……

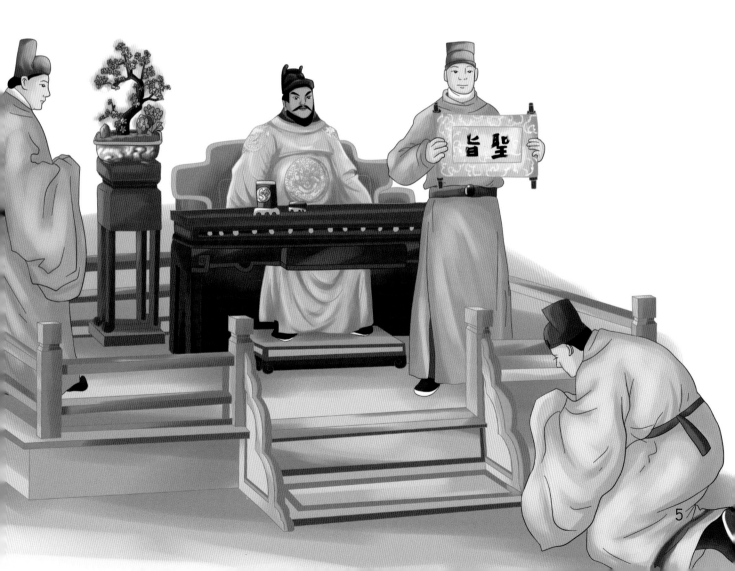

無敵艦隊

不久，南京寶船廠就接到明成祖的聖旨，招募全國造船業的能工巧匠。

這個時候，所有的造船廠的老闆都蠢蠢欲動起來，這是一筆多麼驚人的訂單啊，打造世界上最龐大的船隊，製作 200 多艘世界上最大的海船，運送 2.7 萬人出海！

來自崇明島上的沙船造船廠、浙江鳥船造船廠、福建福船造船廠、廣東廣船造船廠，說着各種方言的老闆們快要把南京寶船廠的投標大廳給擠爆了。中國四大名船都在競爭行列。

來自各地的船廠老闆都大力推薦自己的船隻。

候選一號

推薦語：

　　沙船是中國古代著名船型，因其適於在水淺多沙灘的航道上航行，所以命名為沙船。

▲沙船

候選二號

▲鳥船

推薦語：

　　浙江沿海一帶的海船，因為船頭做成鳥嘴狀而得名。它有主帆三面，風力航速最快可達每小時 9 海里。

推薦語：

　　廣船產於廣東。廣船最大的特點是「多孔舵」，舵向好，使得船隻回轉性好，操縱方便、靈活。

候選三號

▲廣船

見到大家爭論不休，福建來的福船廠老闆們不大說話，卻顯得胸有成竹。

最後，由福船老闆拿到最大的訂單，其他幾家也都拿到了幾張不小的訂單。有人問福船老闆們：「你們為甚麼拿到了最大的訂單，是不是皇帝看上你們船的名字好聽，有個『福』字？」福船老闆們笑道：「大家的船都好，只是這次去的大海比較遠，航道情況複雜，有的深、有的淺，我們福船在複雜海域行駛都可以進退自如的，還有，我們的船既可運貨，又能當成作戰船，當然更受青睞！」

候選四號

最後當選

當選理由：
福船是中國古代著名海船船型。它的特點是：船體高大、操縱性好。它適合海上航行，可以作為遠洋運輸船和戰船。明代水師就以福船為主要戰船。

▲福船

來自全國各地的船匠日夜趕工，在不到兩年的時間裏，建成了 200 多艘大海船。

其中，最大的船是寶船，有 139 米長，56 米寬。有個現代人開玩笑，寶船上可以開展 100 米賽跑！此外，還有不同功能的各種船隻，比如裝運戰馬的馬船、裝運糧食的糧船、裝載人員貨物的坐船，還有保護船隊安全的戰船。

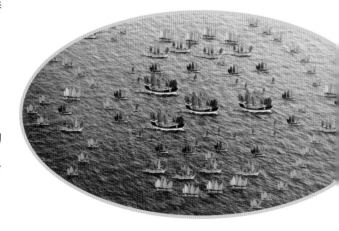

鄭和船隊的水手招募

如果你來參加這支無敵艦隊的水手招募，你有信心入選嗎？

（1）這次是要前往西洋，你能描述它的位置嗎？

_____

（2）計劃從江蘇太倉啟程，你建議哪個

季節出發？

_____。

（3）海上航行，不能帶大量新鮮蔬菜。

我建議大伙帶＿＿＿＿＿＿＿＿＿＿＿＿。

維生素　　　　　　綠豆　　　　　　其他

（4）因為鄭和時代沒有手機、電話、電腦，這麼多船之間要聯繫，你覺得會採用哪種聯繫
方式？

＿＿＿＿＿＿＿＿＿＿＿＿＿＿＿＿＿＿＿＿＿＿＿＿＿＿＿＿＿＿＿

海上歷險

仇恨與黃金

鄭和下西洋的故事要正式地展開了。

鄭和下西洋的船隊是一支規模龐大的船隊，完全是按照海上航行和軍事組織進行編制，在當時堪稱是世界上一支實力雄厚的海上機動編隊。很多外國學者稱鄭和船隊是特混艦隊，鄭和是海軍司令或海軍統帥。著名的英國學者李約瑟博士在全面分析了這一時期的世界歷史之後，得出了這樣的結論：「明代海軍在歷史上可能比任何亞洲國家都出色，甚至同時代的任何歐洲國家，以致當時所有歐洲國家海軍聯合起來，可能都無法與明代海軍匹敵。」

按照下西洋的任務，鄭和船隊人員主要有五個部分：指揮部分、航海部分、外交貿易部分、後勤保障部分、軍事護航部分。指揮部分是整個船隊的中樞，對航行、外交、貿易、

鄭和船隊背後的大數據

鄭和每次下西洋人數在 27 000 人以上，這相當於當時明朝軍隊 5 個衛，每個衛 5000~5500 人，這些人主要是來自沿海衛所。

或許你對這一數字沒甚麼感覺，那就要比較一下當時西方哥倫布、達・伽馬、麥哲倫航海的人數，分別是 90~150 人，170 多人，265 人。這下你感覺到差距了吧？

當然，這麼大的船隊維護費用肯定不會少。鄭和下西洋所費約在白銀 600 萬兩，相當於當時國庫年支出的兩倍，而這還不包括造船等各地支出的費用。而建造和修補一艘船平均需要 1600 兩銀子，每次出航平均需船 260 多艘，僅造修費用就需要幾十萬兩銀子。

作戰等進行指揮決策，鄭和職務是欽差正使總兵太監；航海部分是負責航海業務、船隻修理、預測天氣等；外交貿易部分是負責外交禮儀、對外貿易、聯絡翻譯；後勤保障部分是負責管理財務、後勤供應、起草文書、醫務人員等；軍事護航部分是負責航行安全和軍事行動。從對鄭和船隊人員組成研究可知，整個船隊編制是完善的、嚴密的，體現了古代中國人民擁有豐富的航海經驗，這也確保了鄭和下西洋的順利進行。

到了 1405 年 7 月 11 日，鄭和率領着這支船隊，第一次下西洋。那時候的西洋，和今天講的西洋不一樣。那時候，西洋指的是文萊以西的東南亞和印度洋沿岸。

從南京起航，鄭和船隊經太倉出海後，一路順風南下，用了十多個月，到了爪哇島（今印度尼西亞爪哇島）。那時候，這裏有個名字很長的王國，叫作麻喏八歇國。這個國家的東王、西王剛打完內戰，而西王打了勝仗。就在這個時候，鄭和船隊的船員登岸，看看能買賣些甚麼。船隊帶了很多絲綢、瓷器出來，在沿岸國家都很受歡迎。

誰知道，西王看到那麼多人登陸，以為是東王搬來的救兵，急得他立即下令，格殺勿論。一口氣誤殺了 170 多人。

當然，雖然語言不通，西王的手下們也很快看出不對勁來了：「他們抱着軟綿綿的絲綢來，這樣子不像是來打仗的吧！」「碼頭那邊是甚麼情況？黑壓壓的那麼多船！」

弄清真相後，西王腸子都悔青了：好不容易打敗東王，贏來了江山，現在卻得罪了中國來的巨型船隊！於是一邊趕緊派人去找鄭和道歉，還派出一隊人去中國皇帝那解釋；一邊在家裏踱來踱去，再甜的芒果也嚥不下去了。

停泊在島邊的船隊上早已經沸騰了。因為離開家鄉，海上漂泊，朝夕相處的船員比親人還親。「讓我們去為死去的船員報仇吧！」船員們義憤填膺地說：「我們只等大人的命令了。」

只要鄭和一聲令下。船員被殺的仇恨，很快會得到其他生命、鮮血的祭奠。但是，仇恨會消除嗎？

如果你是鄭和的船員，你說，要不要攻打西王？
_____

這個時候，西王的使者也到了。鄭和終於開口說話了，我們理解你們是不了解情況，才誤殺了我們的船員。所以，請準備六萬兩黃金，作為給死者的補償。西王的使者聽到這話，才不管西王統轄的這個島嶼能不能找到這麼多黃金，滿口答應下來了。

告訴我，我們打敗了瓜哇國，西洋其他國家會怎麼看我們？我們是和平船隊還是霸道船隊？我們還能完成皇上交給的任務嗎？

大人，我們就這麼放過西王嗎？

兩年後，西王派人送來一萬兩黃金。西王的使者非常忐忑不安，因為島上只有這麼多錢了。中國的皇帝告訴他們，我早就知道你們籌措不出來的，要六萬兩，不過是讓你們明白自己的錯誤！

從此之後，爪哇國和中國建立了很友好的關係，年年派使者訪問中國。而鄭和船隊在離開爪哇國之後，經過了許多西洋國家，蘇門答臘、錫蘭山等，一路與他們做買賣，這些國家也派出使者，跟隨鄭和船隊，前往中國。

我既不要留住仇恨，也不要他們的黃金。

你覺得鄭和要的是甚麼？
_____
_____

那我們是讓他們用黃金換走我們的仇恨嗎？

大人，你要的是甚麼？

鄭和在處理「爪哇國事件」中，不但不動用武力，而且不要賠償，充分體現了鄭和是傳播和平的使者，他傳播的是「以和為貴」的中國傳統禮儀，以及「四海一家」「天下為公」的中華文明。

爪哇島三寶壟紀念鄭和的活動至今仍會舉行。

▲至今印尼仍有舉行鄭和下西洋的紀念活動

遇上海盜王

鄭和的船隊，帶着西洋各國的使者，和從各國貿易中換來的珍寶，從印度的古里出發，開始返航啦！

家，就在海的盡頭，所有的船員都帶着幸福的微笑，不辭辛勞地工作着。但是傳說中的海盜卻在歸途上出現了。他們在馬六甲附近的舊港宣慰司（今印度尼西亞蘇門答臘巨港）已經等了鄭和很久。當年看着鄭和的船載着貨物經過他們地盤西去的時候，他們就計算過這滿船貨物賣給西洋各國後的收入。現在鄭和終於帶着錢回來了，也是該收買路錢的時候了。

飄揚着海盜旗幟的海盜船集體向鄭和船隊靠近了，越來越近。鄭和船隊上的火槍手開始瞄準。突然，海盜船上有人用官話喊：「不要開火，我們是來……投靠……大人的！」鄭和的船員們笑了：「喲，是潮州口音！」鄭和吩咐：「帶他上來！」

原來，來犯海盜頭目實際上是個中國人，叫陳祖義。鄭和心中迅速地閃過關於該人的一些資料：馬六甲海峽一帶最大的海盜頭，專搶大船。明太祖懸賞 50 萬兩白銀捉拿他。許多西洋國家都拿他沒有辦法。

陳祖義站在寶船的甲板上，眼睛滴溜溜地轉。鄭和看起來和藹可親，哨兵又那麼少。陳祖義大喜，再看到海盜船上的兄弟們準備好了。「上！」陳祖義在甲板上指揮附近的海盜船猛烈攻擊寶船。原來海盜們事先約定，要假意投誠打下寶船，再打亂無敵船隊的指揮中心，然後搶走寶貝。

正在這時，
鄭和船隊突

鄭和船隊運的大多是瓷器，你搶那麼多瓶子、碗的做甚麼？耐心點，等他們賣好回來。我們搶錢！

陳老大，我們甚麼時候搶？

然火炮齊鳴，剛才毫無動靜的船把海盜船分別包圍起來了。別說甚麼搶劫寶船了，現在他們自己反而成了火炮靶子。陳祖義明白過來了，中了戰場老手鄭和的計謀，你看看他排的船隊陣形多麼密不透風，可惜他的兄弟們沒有機會明白，就被大炮炸沉了……

戰鬥結束，鄭和船隊殲滅海盜 5000 多人，擊沉敵船 10 多艘，海盜王陳祖義也被活捉回中國。這次海戰的勝利成了鄭和第一次下西洋的額外收穫！

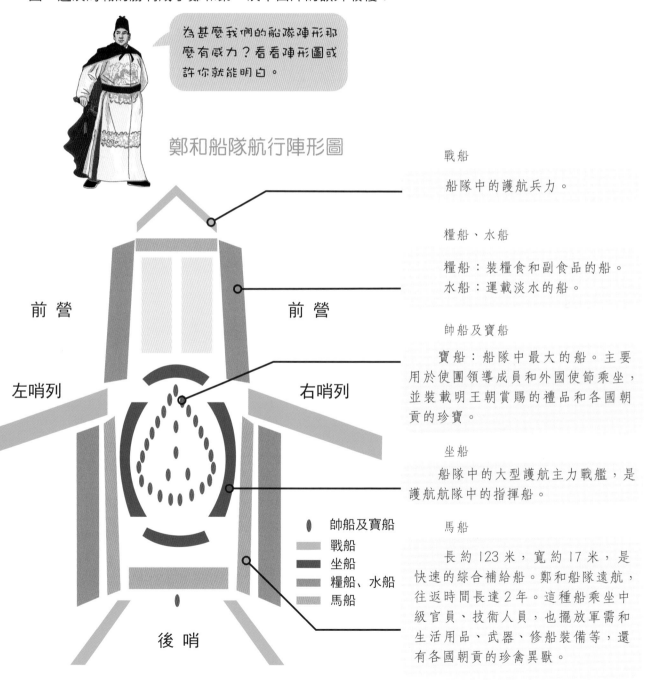

> 為甚麼我們的船隊陣形那麼有威力？看看陣形圖或許你就能明白。

鄭和船隊航行陣形圖

前營　　　前營

左哨列　　　右哨列

後哨

帥船及寶船
戰船
坐船
糧船、水船
馬船

戰船

船隊中的護航兵力。

糧船、水船

糧船：裝糧食和副食品的船。
水船：運載淡水的船。

帥船及寶船

寶船：船隊中最大的船。主要用於使團領導成員和外國使節乘坐，並裝載明王朝賞賜的禮品和各國朝貢的珍寶。

坐船

船隊中的大型護航主力戰艦，是護航航隊中的指揮船。

馬船

長約 123 米，寬約 17 米，是快速的綜合補給船。鄭和船隊遠航，往返時間長達 2 年。這種船乘坐中級官員、技術人員，也擺放軍需和生活用品、武器、修船裝備等，還有各國朝貢的珍禽異獸。

活捉錫蘭山國王

在幾次下西洋的過程中，鄭和還遇到過一些激烈的戰事。

鄭和第一次下西洋到達錫蘭山國時，錫蘭山國國王亞烈苦奈兒贈送了許多禮物給明王朝，表示兩國修好。但鄭和發覺亞烈苦奈兒居心叵測，不懷好意，遂告離開。

鄭和第三次下西洋回國時，又經過錫蘭山國。貪心不足的亞烈苦奈兒見鄭和船隊裝載了大量金銀，就虛情假意將鄭和一行讓到驛館中歇息，盛宴招待之後，他就派人去驛館向鄭和索取財物，鄭和等人當時未給，被派去的人悻悻而歸。

亞烈苦奈兒因此惱羞成怒，暗地裏發兵準備去劫奪鄭和的船隊。他調集 5 萬兵馬，計劃劫掠船隊，並在鄭和一行人返回的路上，架設滾石檑木，企圖阻斷鄭和的後路，並置鄭和等人於死地。

鄭和臨危不懼，他詳細地分析了敵情，指揮若定。鄭和分兵兩路抗敵，一路是小股部隊繞道潛回總部駐地，通知船隊上的士兵做好準備，一旦敵人劫船，要頑強死守，不得有失；另一路由鄭和親自率領 2000 多人，趁敵人攻打船隊，城內兵力空虛之機，按原路返回，來個回馬槍，出其不意攻擊錫蘭山國都城。鄭和率領的攻城部隊人數雖少，但個個驍勇善戰，不久城就被攻破。鄭和生擒亞烈苦奈兒。

後來，鄭和押解俘虜回朝，將俘虜交給朝廷大理寺處理。明成祖考慮再三，以亞烈苦奈兒愚昧無知、受部下奸人挑唆犯下罪惡之由，免去亞烈苦奈兒的死罪，貶為庶民，當堂釋放，發放路費衣食等物讓其回國。並責禮部另選賢者為錫蘭山國王，以承國嗣。

鄭和這次用兵完全是自衞行動。於那些恃強凌弱的國家來說，鄭和此舉無疑是個警告，起了極大的震懾作用。

航程中的美麗傳說

在擒獲海盜陳祖義後，為了維護這個交通要道的安全，明朝在舊港設置了宣慰司。首任舊港宣慰使為華人施進卿，施進卿就是因為協助鄭和殲滅陳祖義有功而受封的。

舊港宣慰司

建置於 1407 年，其政府駐地舊港即現代的印度尼西亞蘇門答臘巨港，大致管轄範圍：東至鄭和島（今天的巴拉望島）和蘇祿羣島；南至爪哇島；西至安達曼羣島和尼科巴羣島；北至安不納羣島（即納吐納羣島）；最北部在今天泰國南部的宋卡。

首任宣慰使為廣東人施進卿。

明朝設置宣慰使司、宣撫司等土司制度，以土司治土軍民，職司定期朝貢、按年納税、戰時聽調。

現在，關於鄭和船隊，還流傳着許多故事。其中，有一個美麗的愛情故事。

一個晚上，月亮低垂着眼簾，一點星光斜在她的腮上，雅加達的海岸上海風習習，燈光浪漫，一場盛大的晚會歡迎鄭和船隊的將士、水手們。能歌善舞的雅加達女孩們翩翩起舞。晚會結束後，大家意興盎然地回到船上休息。可是，第二天就要出發的時候，鄭和被兩個年輕人攔住了。一個，是昨晚起舞的女孩，另一個，是船上的廚師。他們一見鍾情，

廚師希望留下來和自己心愛的人成家。鄭和答應了他們的請求。後來，這兩個相愛的人去世了，當地的人把他們的墓視作聖墓，因為，據說在墓前許的願望常常能夠實現。

19

寶船上的味道

船上種菜

你可能要問我了，鄭和船隊的廚師留在了雅加達，那船上的人吃甚麼？船隊裏，可有接近3萬人等着開飯呢！

其實這個擔心有些多餘了，鄭和船隊的物資儲備很齊全。他們準備了非常豐富的食物，有很多醬菜、醃肉、水果蜜餞、米和小麥，簡單準備一下，就有可口的飯菜了。

另外，一到大海上，還可以撒下漁網，讓網跟着船跑一陣子，然後好幾個水手一道，「嗨喲，嗨喲」喊着調子，把網拖上來。常常是滿網肚皮泛光的魚。最有趣的是，跟網一起上來的螃蟹滿甲板的爬來爬去，大家也跟着跑來跑去，按住牠們，然後小心翼翼地放到桶裏。伴着笑聲、海風，鍋裏只放一點鹽蒸出來的螃蟹，比岸上吃到的，要美味得多呢！

在船上，不能保證有新鮮水果和蔬菜，缺少維生素也會引起很多疾病！但是，鄭和的船員們很會想辦法，他們準備了很多黃豆、綠豆。放些水，它們就能發成豆芽。他們還在船的甲板上放了許多木盆，裏面種菜、種生薑甚麼的，船員不時也有新鮮蔬菜供應。

當然，每次靠岸的時候，船隊還會立即補充當地的水果蔬菜，這樣鄭和的船隊遍嚐各國的美味水果和蔬菜。像到了爪哇、馬來半島，就可以採購上一大批的椰子、甘蔗、山竹、榴槤，還可以買些曬乾的椰棗和葡萄。到了阿拉伯半島，就有很多松子、杏仁、核桃可以採購。

寶船上的味道，大有東西合璧的風範！

食物的傳入與輸出

據明代費信著《星槎勝覽》記載，鄭和船隊當時帶去許多蔬菜、菜種，以及魚肉之類，因為生魚離水仍能生存很久，所以帶去不少烏鱧魚（即生魚），作為船員的伙食。因為這種魚適宜在亞熱帶繁殖，故遍佈南洋各地，數百年來，南洋一帶，到處都有生魚上市，產量甚高，成為華僑常吃的魚類之一。外國人也很喜歡吃，稱牠為「唐人魚」。

當然鄭和船隊也會帶回一些食物，其中就有一種瓜：外表長得像荔枝，大小和一般的瓜差不多。瓜裏有籽，味道先苦後甘。

你猜它是甚麼瓜？

抵萬金的胡椒

　　鄭和的船隊常常在長江口，裝好滿船的瓷器、茶葉出發。裝滿瓷器的船可以開得更穩，而茶葉還可以放在裝瓷器的箱子裏，保護瓷器。船隊開到其他國家，船上的中國貨物就會越來越少，換來各種異國香料、珍寶。

　　在寶船上，常常彌漫着一種辣辣的味道。在每次歸航的時候，就更明顯啦。

　　辣辣的味道源自胡椒。

　　很早以前，胡椒在我國是珍品中的珍品。唐代一個宰相元載被賜死的時候，抄家找出 800 石（石是我國古代的計量單位，1 石 = 30.36 公斤）胡椒。後來說一個人「胡椒八百石」就是說這個人奢侈富有的意思。

　　到了鄭和下西洋的時候，這個情況就得到了改變。鄭和的船隊，帶着瓷器、絲綢、茶葉周遊西洋各國去做買賣，由於胡椒的珍稀，船隊也特別注意搜集胡椒。據說，鄭和的船隊是當時亞非地區胡椒最大的收購者。每年，大約有 12.5 萬公斤的胡椒運回中國。但是，在鄭和船隊忙着海外胡椒貿易的時候，我們土地上狂熱迷戀胡椒的人卻一直沒有消失。明代的奸佞錢寧被抄家的時候，人們發現他藏了更多的胡椒，數千石！難道他們的口味這麼重？一家人能吃掉這麼多的胡椒？

胡椒真的是萬惡之源啊……

他們每天把胡椒當飯吃，都吃不掉啊！

原來，由於胡椒的珍貴，那時候胡椒就像金子、銀子一樣，可以當錢用的。鄭和有次回來的時候，紫禁城正在緊鑼密鼓地修建，朝廷賞賜給修建工人和大臣的，就有寶鈔、胡椒等。有位明代皇帝就更有意思了，他說，國庫裏胡椒太多了，給大臣發工資就不發銀子了，發點胡椒之類的香料吧。

這工資好重啊！

小小胡椒的大影響

對於鄭和下西洋退出歷史舞台，有人說是「耗費巨大」而無力進行，有人說是因朝中鬥爭而無法展開，有人說是因皇帝保守而無心繼續……其實，還有一個原因是人們一直忽略的，那就是胡椒。

為甚麼胡椒有那麼大的魅力？這還得從滿剌加（馬六甲）說起。滿剌加本是個默默無聞的小漁村，鄭和受命前往西洋時，正好路過此地。其時船上所帶的食物和淡水都已消耗殆盡，鄭和只得下令在岸邊就地紮營，以補充必需的生活物資。鄭和船隊規模龐大、人數眾多，採購量自然驚人，這使當地即刻成了大型集貿市場。鄭和七下西洋，往返幾十年，推動着滿剌加的持續成長，使其逐漸成為中國與印度、西亞乃至非洲、歐洲之間最為重要的中轉站。

因為胡椒是鄭和船隊採購的最重要商品之一，作為遠東最大的商品集散地滿剌加，胡椒和蘇木自然也成了當地的大宗商品。明朝廷在這裏可以輕易地採購到胡椒和蘇木，就沒有必要捨近求遠去西洋了。此外，隨着胡椒和蘇木的大量湧入，這些物品漸漸喪失了原有的價值和功能，這無疑也是下西洋難以為繼的重要因素。

皇宮裏的寵物

寶船上，還有一種味道，那就是動物的味道。可能你在動物園的時候聞到過。為甚麼船上會有動物的味道？我們來讀讀「麒麟媽媽」的來信。

親愛的寶貝：

見信好！你去中國南京旅遊，媽媽很擔心，那麼長的脖子，坐船怎麼辦？坐船回來要多久呢？我們會提前去碼頭接你。

保重！

長頸鹿媽媽

榜葛剌國（孟加拉國）森林道 15 號

我是長頸鹿，不是麒麟。麒麟其實長這樣⋯⋯

這個，你要問我了，明明是長頸鹿媽媽寫的信，又為甚麼叫「麒麟媽媽」呢？

麒麟是中國神話裏備受歡迎的一種神獸，據說它長着鹿的身體，牛的尾巴，獨角神獸的模樣。但是誰也沒有見過它。結果鄭和下西洋的時候，帶了一隻長頸鹿回來，牠的形態、習慣和書上寫的麒麟還真有點像。中國從來不產長頸鹿，大家越看長頸鹿就越覺得像麒麟。所以，那時候全國沸騰，去參觀鄭和帶來的「麒麟」。附庸風雅的詩人們還寫了 16 冊詩歌講那時候麒麟現世的盛況呢。

▲《榜葛剌進貢麒麟圖》，清，陳璋臨摹，縱 118.3 厘米、橫 46.5 厘米，中國國家博物館藏。

永樂十四年（1416 年），明代永樂皇帝朱棣決定遷都北京。皇帝要在北京打造皇宮，建造宮殿的同時，需要大批奇珍異寶來裝飾皇宮，還需要大批珍貴稀奇的禽獸養在皇宮裏當寵物。

　　正好，鄭和第五次下西洋，這次鄭和不僅帶回了各國人民的友誼，還帶回了一批其他國家進獻的珍貴禮品，比較特別的是這次禮物中還有珍禽異獸。這些珍禽，除了長頸鹿之外，還有一羣魯謨斯國進獻的獅子、金錢豹，阿丹國進獻的馬哈獸（即羚羊），木骨都束國進獻的花福鹿（即斑馬），爪哇國、古里國進獻的糜里羔獸（即印度藍牛羚）。這些可愛的動物，在京城引起了轟動，給大明朝帶來了歡快的氣氛。

媽媽：

　　您好！

　　我是這樣坐船去南京的：＿＿＿＿＿＿。

　　船上的味道可多了，有的香，它是＿＿＿＿＿；有的怪，它是＿＿＿＿；有的還很臭，它是＿＿＿＿＿＿。（沉香木／胡椒／動物糞便）

　　跟着鄭和船隊，從南京回榜葛剌國大概要不少時間。但請放心！

　　　　　　　　　　　　　愛您的小鹿

我們都是乘鄭和的船來中國的。

是誰燒了下西洋的檔案

用針畫的航海圖

　　鄭和一共七次下西洋，是中國古代規模最大、船隻最多、海員最多、時間最久的海上航行，這是當時明代強盛的直接體現。鄭和航行開始的時間比葡萄牙、西班牙等國的航海家，如麥哲倫、哥倫布、達‧伽馬等人早了半個世紀以上，還有研究認為鄭和最早發現美洲、澳洲、南極洲，不管怎樣，鄭和堪稱是「大航海時代」的先驅，也是那個偉大時代中唯一的東方人。

　　鄭和航海圖一路記載了所到的各個地方，整整 500 個地名（外國地名有 300 多個）。用的記錄方式，正是我國古代製圖——針路圖。和現在流行的地圖不同，我國古代的製圖學家喜歡

▼鄭和的航海圖

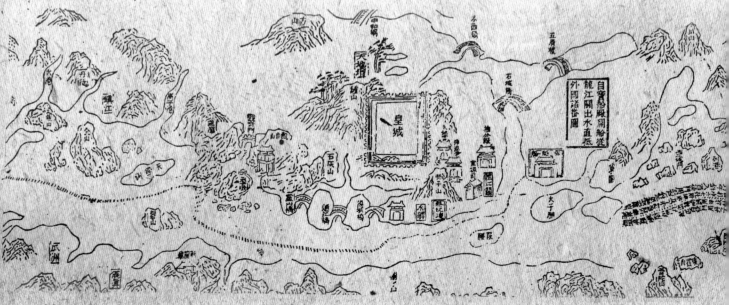

結合中國山水畫和文字來描述地圖，這樣一來，沿海的山形地勢一目了然。

針路圖是用繡花針畫的地圖嗎？不是，其實是在指南針的指引下，把從一個地方到另外一個地方的航線上，不同地點的航行方向的點連接起來，就是針路圖了。鄭和航海圖就這樣，一點一點地記錄下每個地方開船、方向、航程、船到了哪裏。

從鄭和航海圖看，鄭和的船隊到過波斯灣，但是，他到底有沒有去麥加呢（這是鄭和最想去的地方）？

別急，鄭和航海圖只講了前面六次的航線，我們現在來講鄭和1430年開始的第七次下西洋。船隊到達古里（印度西海岸），鄭和派一隊船前往麥加。但是，作為主帥，他不能離開船隊。而這時的鄭和，已經是白髮斑斑、60多歲的老人，長年的海上生活，奪去了他的健康。尚未等到回國，鄭和就在印度的古里與世長辭了。

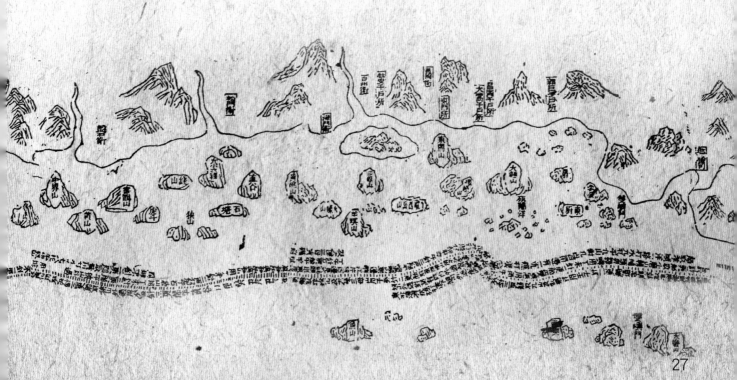

不翼而飛的檔案

剛才，我們得知了鄭和在第七次下西洋途中病逝的消息。

這時候，在印度的西海岸，鄭和的船隊沒有了鄭和，於是準備起航回國。海的那一頭是中國京城，也早已換了好幾位皇帝，明成祖、明成祖的兒子、明成祖的孫子，他們分別對鄭和航海持支持、不支持、支持的態度。在這時候，明成祖的孫子也去世了。

這支無敵艦隊會有甚麼樣的未來？海上傳奇可否再續？

艦隊的船員們上岸後，大多留在了南京。為了紀念鄭和，也是為了紀念海上的生涯，許多船員都改姓了鄭。

就這樣，四十年過去了。那時候明朝的皇帝憲宗對下西洋又提起了興趣，向兵部調閱鄭和下西洋的檔案 ——《鄭和出使水程》。兵部花了三天，翻遍檔案庫也沒有找到這些檔案。

按理說，這個檔案應該很好找到的，它既包括了來自重要人物——皇帝的敕書，又包括數量龐大的船隊人員名單、航海日誌、賬目等。但是，這檔案還真的不翼而飛了。

兵部尚書慌了，丟了這麼要緊的檔案怎麼辦？兵部的另外一名官員劉大夏說：「丟了就丟了唄，鄭和下西洋花了國家那麼多錢，還繼續下西洋，對我們國家有甚麼好處！」

也是，那時候的明朝正在手忙腳亂地應對許多問題：北邊蒙古人經常來犯，海上又有倭寇在搗亂，還有國內的農民起義也不斷，皇帝慢慢忘記下西洋這麼回事了。

也許你會問我了，剛才我們不是看到鄭和下西洋的航海圖了嗎，鄭和下西洋的檔案是不是後來找到了？鄭和的航海圖是被茅元儀編到《武備志》而保留下來的，而至於其他的檔案，有人說，就是被那個劉大夏偷偷放火燒了，免得皇帝又要派人下西洋。鄭和下西洋的檔案下落竟成了千古之謎。

是誰，藏了檔案

關於鄭和下西洋檔案的最終下落，許多人有不同的看法，查查資料，說說你對這段歷史的調查結果。

說法一：檔案並沒有被燒，而是被三個人中的一人藏了起來，他是誰？＿＿＿＿＿

說法二：三人中的一人，向皇上建議再下西洋，但有不願意再下西洋的人，銷毀了檔案。向皇帝提建議的人是誰？＿＿＿＿＿

說法三：最終一個人成了整件事情的替罪羊，罪名是失職，他是誰？＿＿＿＿＿

▶劉大夏

▶汪直（明代權宦）

▶倉庫管理員

大海：芝麻關門

寸板不許下海

鄭和不下西洋了，就這樣，我們慢慢淡忘了大海。

那是冬天的夜晚，海邊的人家，一戶一戶，都熄了燈，枕着山腳的小河，山外的濤聲，早早入睡了。

是誰說過，鄭和之後，再無鄭和呢？海邊的人們怎麼按捺得住馳騁大海的念頭？王吉的父親剛過了正月初九，就裝了一船的棉布、藥材、絲綢去日本了。正月底父親來信，說到了日本長崎。這裏有平靜的港灣、亮晶晶的燈光，海灣就像一個聚寶盆呢。父親在當地的唐人街賣東西，帶來的貨物賣得很順利，再買些海參、魚翅、煙草，還有王吉喜歡的小果子就回去了，大概五月便能到家了。

看著院子裏粉色的桃花、白色的梨花、紫色的紫藤開了、謝了、開了，王吉越來越高興，而媽媽卻越來越緊張。這天深夜，汩汩的聲音，一艘小船靠岸，「噔、噔、噔、噔」的腳步越來越近，咣……呀……木門閂取下了。「嫂子，老王他們被官府抓住了！」

私自海外貿易，斬！十幾戶人家，一夜之間，失去了出海貿易的親人。這是鄭和之後，中國海上人家的生活片段。皇帝一個接一個地即位，不同時期海禁的命令下了一條又一條。

海禁政策越來越嚴，最後，清朝政府下令「遷海」，沿海居民一律遷移到朝廷所設邊界以內三十里至五十里，航海工具全部燒毀。北起山東半島，南到珠三角的廣大沿海地區，荒蕪人煙。而我國沿海地帶，一般土地比較貧瘠，加上許多地方是七山二水一分田，種出來的糧食根本養不活那麼多人。沿海生活的人們，有的，遠走他鄉，移民其他國家；有的，則官逼民反，做了海盜。

你知道為甚麼明清的皇帝要實行海禁嗎？實地採訪一下吧！

我實行海禁的原因很簡單，我們滿族人剛當皇帝的時候，總有人說要反清復明，為防止造反的人聚集，我們把海路都切斷啦！

關於海禁，我的理由很充分，明代倭寇那麼多，實行海禁，倭寇就很難和老百姓勾結了。再說，我出身貧苦，個人最不喜歡做生意，所以也不想鼓勵海外來往貿易。

我雖然派鄭和航海，但是民間航海我是不鼓勵的！

▲ 玄燁

▶ 朱元璋

▲ 朱棣

成也海禁，敗也海禁

幾百年的海禁，的確幫明清兩朝省去了許多「麻煩」，卻意外地招來了更大的麻煩。還有人會造船嗎？還有人會在海上反擊敵人嗎？

據說，停止下西洋之後，沒過多久，中國的造船業就開始退步：船木板很薄、釘子不好、捻縫不好、用二手材料、技工技術低下。而歐洲的葡萄牙人，在航海的各個方面：造船、航海地圖、天文航行，都遠遠地超越了中國。

終於有一天，葡萄牙人來了，1557 年，他們侵佔了中國澳門。1887 年，他們強迫清政府同意他們永

▲澳門中心廣場

我們搭着鄭和的船下西洋，看古代中國人在海上輝煌傳奇的起起落落。當然，鄭和的船隊早已靠岸，現在我們該下船了。

關於現代中國人的海上傳奇，故事還有很多。下一次，也許你就可以跟鄭和他們暢談一番！

久管理澳門，清政府打不過他們，只能答應吧。

那時的澳門就有一個這樣的中心廣場，地磚是一寸長一寸寬左右的小石塊，黑白相間，組成黑色、白色的波浪。葡萄牙人很自豪地說：「這些石頭，是我們從葡萄牙運來的！看到它們，就想起家鄉吶！來的時候，空船怕風浪，在船裏塞滿石頭就開得穩了。」「扔下這些石頭，也不知道他們搶了甚麼東西滿船回去了。」鋪路的工人抱怨。讓我們來告訴澳門的鋪路工人吧，_____年，澳門重新回到祖國的懷抱。

這，只是個開始。海上的故事還有許多，有讓人不堪回首的，也有讓人興奮驕傲的⋯⋯你能說出多少關於中國與大海的故事？

▲鴉片戰爭

▲甲午戰爭

▲上海國際航運中心

說說你知道的故事

我的家在中國・道路之旅②

漂洋過海
中國夢 | 鄭和下西洋

檀傳寶◎主編　葉王蓓◎編著

責任編輯：楊 歌
裝幀設計：龐雅美
排　版：龐雅美　鄧佩儀
印　務：劉漢舉

出版 / 中華教育

香港北角英皇道 499 號北角工業大廈 1 樓 B

電話：（852）2137 2338

傳真：（852）2713 8202

電子郵件：info@chunghwabook.com.hk

網址：https://www.chunghwabook.com.hk/

發行 / 香港聯合書刊物流有限公司

香港新界荃灣德士古道 220-248 號

荃灣工業中心 16 樓

電話：（852）2150 2100

傳真：（852）2407 3062

電子郵件：info@suplogistics.com.hk

印刷 / 美雅印刷製本有限公司

香港觀塘榮業街 6 號

海濱工業大廈 4 樓 A 室

版次 / 2021 年 3 月第 1 版第 1 次印刷

©2021 中華教育

規格 / 16 開（265 mm x 210 mm）